GANNAN DADI YINJI

—— GANNAN DIZHI YIJI KEPU TUCE

赣南大地印记

——赣南地质遗迹科普图册

曹晓娟　吴春明　李鑫　于鑫　漆帅　编著

图书在版编目（CIP）数据

赣南大地印记：赣南地质遗迹科普图册 / 曹晓娟等编著 .—武汉：中国地质大学出版社，2019.10

ISBN 978-7-5625-4699-3

Ⅰ. ①赣…

Ⅱ. ①曹…

Ⅲ. ①区域地质－介绍－赣南地区

Ⅳ. ① P562.562

中国版本图书馆 CIP 数据核字（2019）第 279231 号

赣南大地印记——赣南地质遗迹科普图册

曹晓娟　吴春明　李　鑫　于　鑫　漆　帅　编著

责任编辑：张　林　张瑞生　　责任校对：张咏梅

出版发行：中国地质大学出版社（武汉市洪山区鲁磨路 388 号）　　邮政编码：430074

电　话：（027）67883511　　传　真：（027）67883580　　E-mail:cbb@cug.edu.cn

经　销：全国新华书店　　http://cugp.cug.edu.cn

开本：787 毫米 ×1 092 毫米　1/16　　字数：128 千字　印张：5

版次：2019 年 10 月第 1 版　　印次：2019 年 10 月第 1 次印刷

印刷：武汉中远印务有限公司

ISBN 978-7-5625-4699-3　　定价：88.00 元

目录 CONTENTS

兴国风光

赣南
大地印记
神奇秀美的
赣南大地
济广高速

梅江日出（宁都县）

江西南大门

赣南，又称赣州，地处江西南部，是江西省的南大门。赣南是原中央苏区的核心区域，也是《国务院关于支持赣南等原中央苏区振兴发展的若干意见》扶持的重点区域。赣南东部与闽东南三角洲对接，南与珠江三角洲紧邻，西靠湖南，东北与长江三角洲相望。以赣州为中心，辐射赣、粤、闽、湘4省9个城市，交通便利。赣南下辖3个市辖区、1个县级市、14个县，面积39 379.64km²，人口981.46万人，是江西面积最大、人口最多的地级市。

赣南在江西的位置

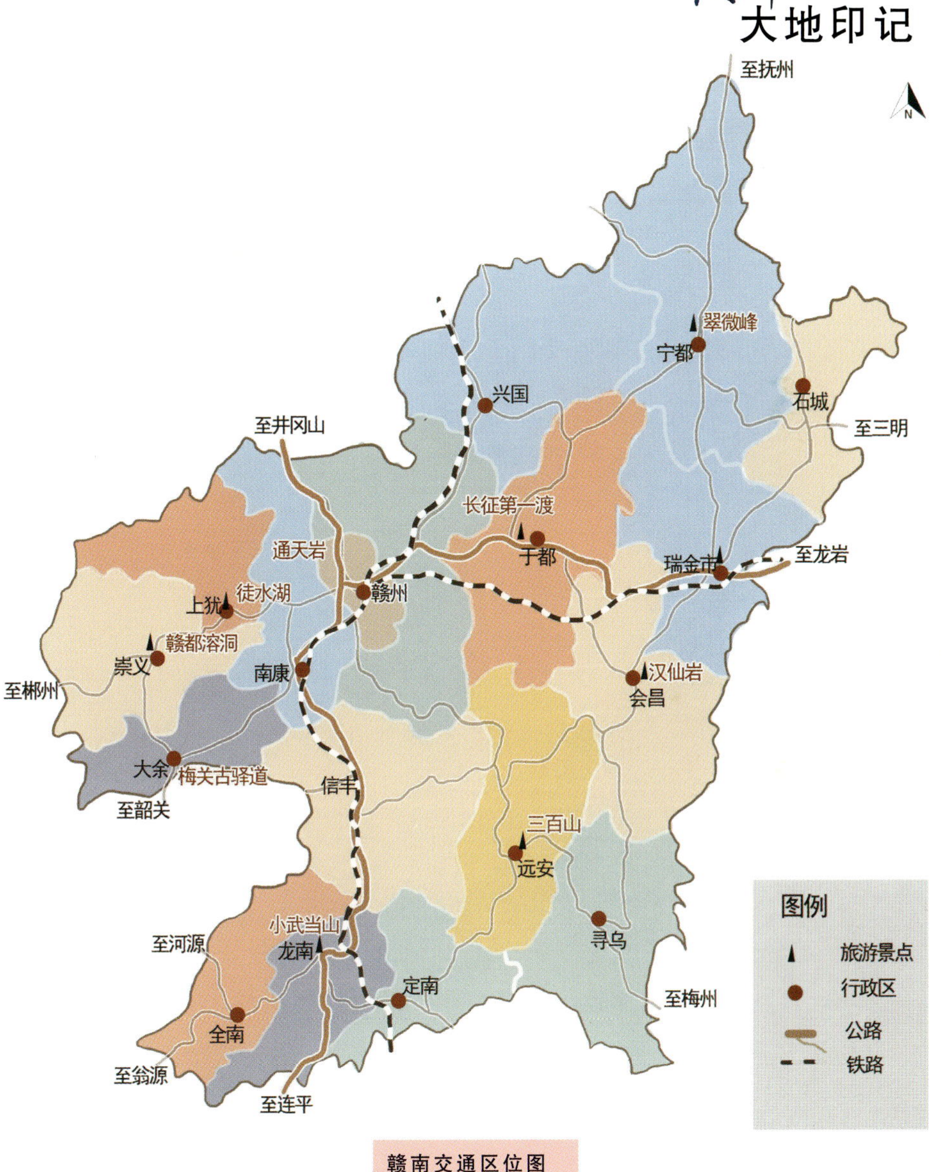

赣南交通区位图

优越的地理环境

赣南，群山环绕，断陷盆地贯穿其中，以山地、丘陵为主，兼有50个大小不等的红壤盆地。赣南四周有武夷山、雩山等众多山脉，形成周高中低、南高北低地势。赣南海拔高度平均在300~500m，齐云山鼎锅寨海拔2 061m，为最高峰。

赣南，地处中亚热带南缘，属亚热带季风气候区，气候温和，雨量充沛，无霜期长，年平均气温18.9℃，年平均无霜期287天，年平均降水量1 605mm，年日照时数为1 813小时，且昼夜温差大，非常适宜宽皮柑橘和橙类的生长。

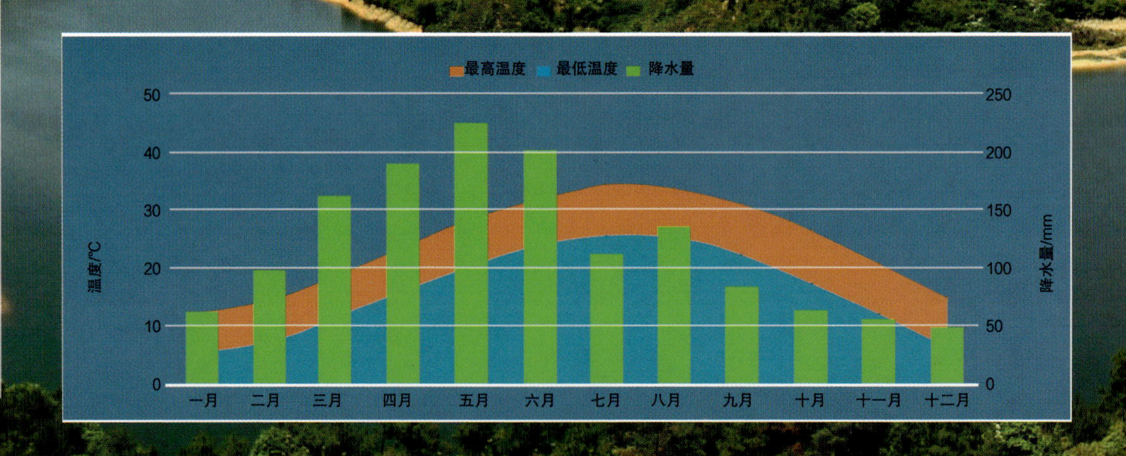

赣南月平均气温和降水量图

宁都县竹坑湖

崇义县阳岭国家森林公园

独特的地质条件

赣南地区位于东西向南岭构造带与北北东向武夷山构造带的复合部位，大地构造位于欧亚大陆板块与西太平洋板块消减带内侧的华夏板块中，是处于钦-杭古板块结合带和丽水-莲花山、五华-佛冈断裂带之间的一个菱块状变质地体。

赣南地区除缺失志留系外，各时代地层均有分布。根据地层岩性、岩相、变质变形特征及区域构造演化，赣南地区的岩石地层可分为3个大的岩系：前泥盆纪基底岩系、泥盆纪—中三叠世以海相沉积为主的盖层岩系和中新生代陆相碎屑及火山岩系，各断代地层均以明显的角度不整合为界，代表了一个大地构造旋回的结束和新的构造旋回的开始。

宁都县翠微峰

丰富的地质遗迹

赣南地区地质遗迹资源丰富，已查明地质遗迹82处，包括地质剖面、生物化石、地貌景观等六大类，地层剖面、古动物化石、碎屑岩地貌和泉水景观等11类。评选出Ⅰ级地质遗迹3处，Ⅱ级地质遗迹16处。

图例

县（区、市）	采矿遗址
岩石地貌景观	古植物化石产地
瀑布景观	典型矿床产地
泉水景观	古生物遗迹化石产地
古动物化石产地	岩层剖面

0 25km

赣南地质遗迹分布图

美丽的大地肌理
——地貌景观

石城县荷花古寨

奇特的赤壁丹崖——丹霞景观

丹霞地貌是一种以中生代以来陆相红色碎屑岩为造景岩石，在流水侵蚀、风化剥蚀和重力崩塌共同作用下形成的岩石地貌景观，以“赤壁丹崖”为特征。赣南地区是我国重要的丹霞地貌分布区，丹霞地貌也是赣南地区最具代表性的地貌类型，造就了许许多多的地质遗迹景观，如兴国县腊石寨丹霞峰林、兴国县笔架山峰丛、兴国县冰心洞仙桃峰、兴国县灵山芒捶石等。

兴国县双鱼戏水

峰丛–峰林

峰丛–峰林，是由密集的石峰或石柱构成。石峰与石峰间还保留相连的基底，一般称之为峰丛；石峰之间相连的基底被侵蚀，形成相隔的群峰，称之为峰林。

龙南县小武当山丹霞峰林

兴国县金斗山丹霞峰丛

地壳抬升时，红色碎屑岩层被抬升至侵蚀基准面之上，流水沿网状的断裂、节理或裂隙冲刷侵蚀，尚未下切至侵蚀基准面时，一般形成基部相连的峰丛；流水下切到侵蚀基准面时，以侧向侵蚀为主，则常形成基部分离的峰林。

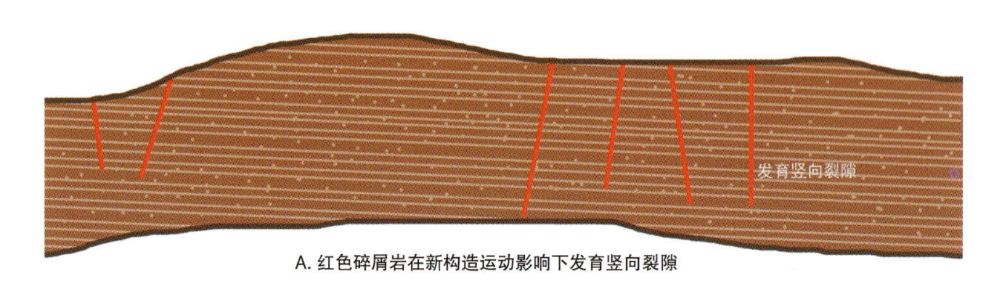

A. 红色碎屑岩在新构造运动影响下发育竖向裂隙

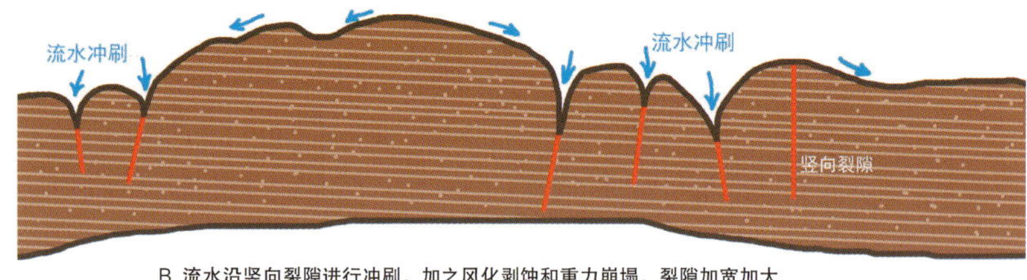

B. 流水沿竖向裂隙进行冲刷，加之风化剥蚀和重力崩塌，裂隙加宽加大

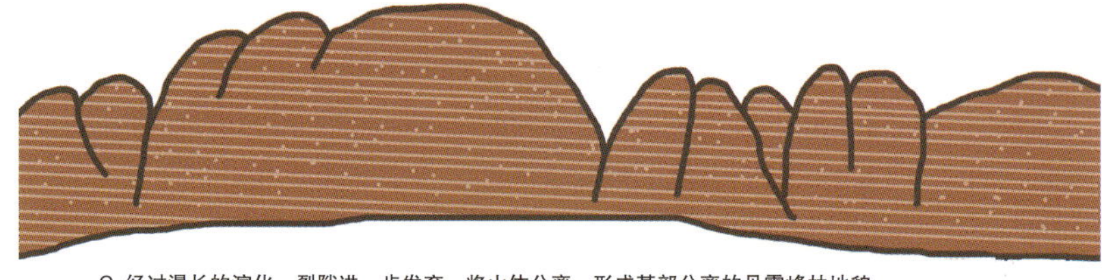

C. 经过漫长的演化，裂隙进一步发育，将山体分离，形成基部分离的丹霞峰林地貌

腊石寨丹霞峰林形成示意图

兴国县腊石寨丹霞峰林

宁都县青龙岩丹霞峰林（侧视图）

兴国县象鼻山峰林

宁都县青龙岩丹霞峰林（俯视图）

宁都县笔架山峰丛

会昌县紫云山丹霞峰丛

兴国县八仙岩峰丛

石峰

石峰为丹霞山峰，山顶与周边岩体分离，顶部较小，基座较大，呈堡状、穹状、脊状、锥状或方形。在流水冲蚀、风化剥蚀和重力崩塌等作用下形成。

兴国县冰心洞仙桃峰

宁都县翠微峰合掌峰

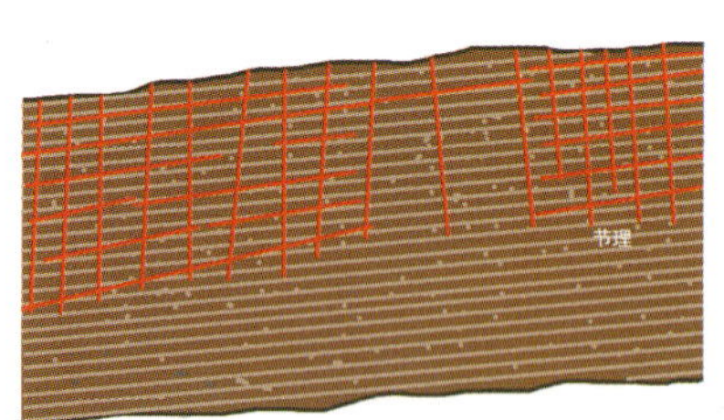

A.红色岩层中发育两组正交的垂直节理，将岩体切开

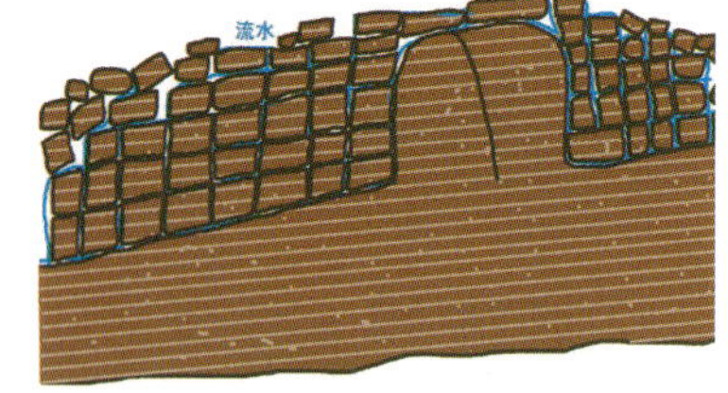

B.流水沿节理冲刷，将破碎的岩体分割开来，同时伴随有风化剥蚀和重力崩塌

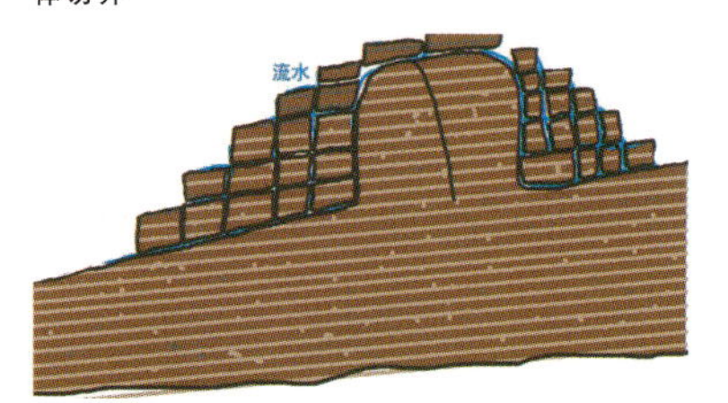

C.经过漫长的流水冲蚀、风化剥蚀和重力崩塌，破碎的岩块逐渐被带走

D.当周边岩块被侵蚀干净，便形成了孤立的合掌峰

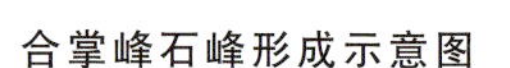

合掌峰石峰形成示意图

宁都县云台峰石峰

宁都县翠微峰凌霄峰

兴国县灵山鲸鱼岩

会昌县汉仙岩石峰

宁都县翠微峰锦绣湖系马桩（1）

石柱

石柱为呈柱状、棒状或宝塔状的丹霞山峰，其高度大于直径，四壁陡立。由流水沿多组垂直节理或裂隙长期冲刷侵蚀，辅以重力崩塌和风化剥蚀而形成。石柱高度与直径比值较大，因而较石峰更细更高。

宁都县翠微峰锦绣湖系马桩（2）

宁都县翠微峰双坛石

兴国县灵山芒捶石

石城县通天寨火炬岩

石墙

石墙为长条状、线状正地貌，山体顶部窄而小，呈平缓波状，两壁为陡直的丹崖所围限，呈墙状。它是在红色岩层发育一组近于平行的控制性断裂、节理或裂隙，并在流水的长期冲刷侵蚀、重力崩塌、风化剥蚀等的综合作用下所形成。此类山体多横看成墙侧看成峰。

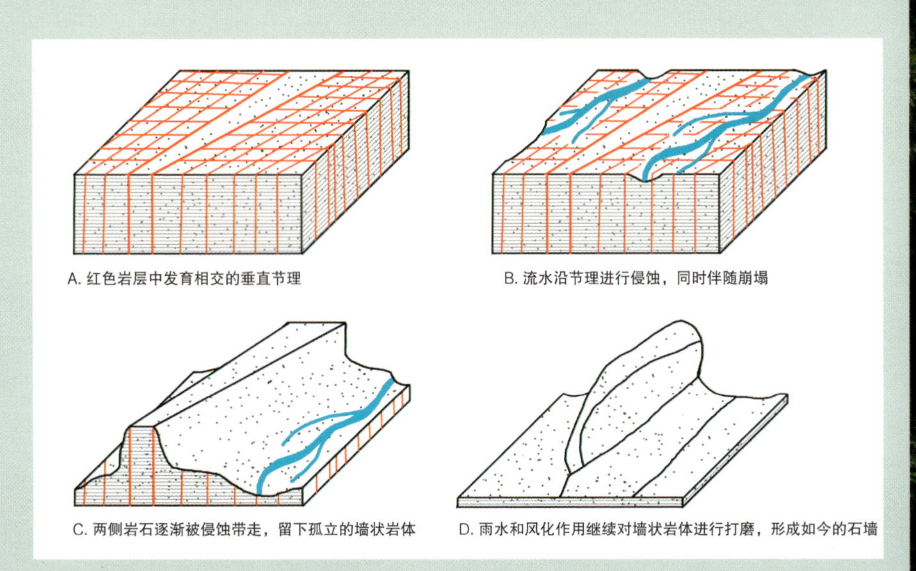

翠微峰石墙形成示意图

宁都县翠微峰刀背峰石墙

宁都县翠微峰南岗山石墙群

石寨

石寨山顶呈方形或长方形，顶面较为平缓且宽敞，四面或三面为陡壁，是近于水平的红色岩层组成的山体，在较均衡的四周冲刷侵蚀、崩塌及不明显的顶面冲刷、剥蚀作用下所形成的一种丹霞地貌。

宁都县翠微峰莲花峰

宁都县翠微峰小太阳山

宁都县翠微峰神龟出山

崖壁

崖壁即在水流长期冲刷侵蚀作用下，红色岩系组成的山体沿裂隙或节理发生较大规模崩塌后露出的较新鲜丹崖赤壁。崖壁形态多样，有的平如斧劈，有的凹凸有致，有的小巧玲珑，有的雄伟壮观，在阳光下熠熠生辉，绚丽多姿。

石城县万人坑崖壁

瑞金市罗汉岩崖壁

A.岩体中发育一条大的裂隙，将岩体劈成两半

B.左侧岩体经流水作用，逐渐崩塌坠落

C.右侧岩体保存完整，形成陡峭而平整的崖壁

罗汉岩崖壁形成示意图

石城县通天寨千佛崖（流水冲刷）

宁都县翠微峰三指峰崖壁

赣州市通天岩石窟

赣县寨九坳崖壁

兴国县回音壁

兴国县天鹅湖美人壁

宁都县翠微峰披发崖

寻乌县青龙岩崖壁（1）

寻乌县青龙岩崖壁（2）

洞穴

丹霞地貌发育的洞穴类型多样，成因也不尽相同，主要有流水沿裂隙侵蚀形成的竖状洞穴，溶蚀风化形成的蜂窝状洞穴和额状洞穴，以及岩体崩塌形成的洞穴。

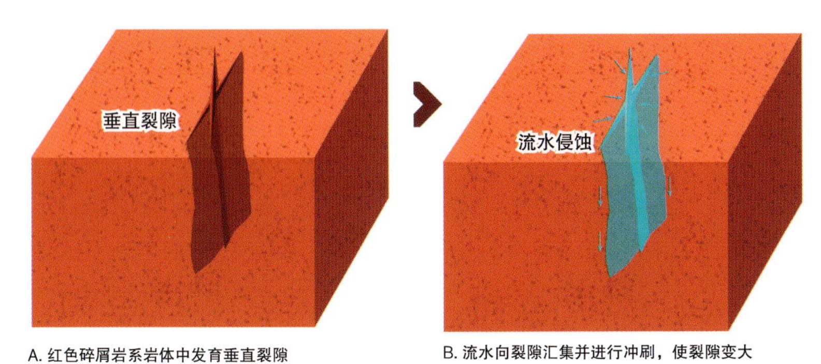

A. 红色碎屑岩系岩体中发育垂直裂隙

B. 流水向裂隙汇集并进行冲刷，使裂隙变大

竖状洞穴

C. 裂隙越来越大，形成竖状洞穴

竖状洞穴形成示意图

兴国县宝石寨天井架竖状洞穴

宁都县青龙岩蜂窝状洞穴

兴国县冰心洞莲花岩蜂窝状洞穴

会昌县萧帝岩额状洞穴

兴国县角石寨额状洞穴

宁都县集贤岩额状洞穴

宁都县翠微峰雷打庵崩塌成因洞穴

一线天

一线天指壁坡陡直，深度远大于宽度的谷地，一般深度大于50m，宽度1~20m，两侧谷壁（崖壁）垂直或同斜，谷底平坦或起伏，由流水沿岩体中的裂隙冲蚀而成。

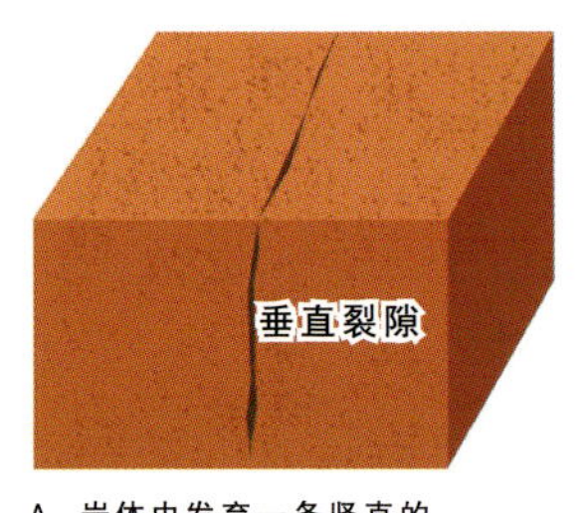

A. 岩体中发育一条竖直的大型裂隙

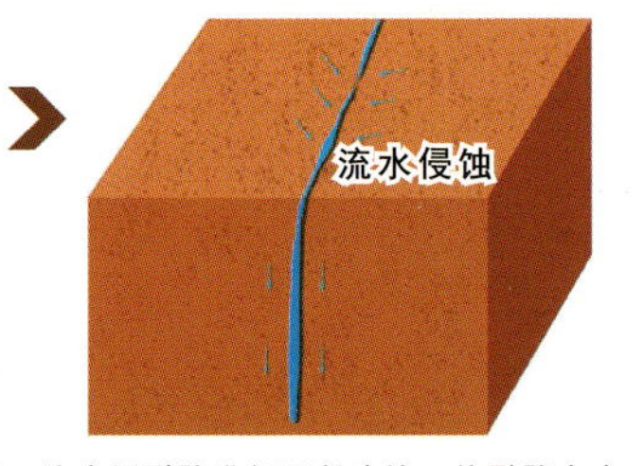

B. 流水沿裂隙进行不断冲蚀，使裂隙变大

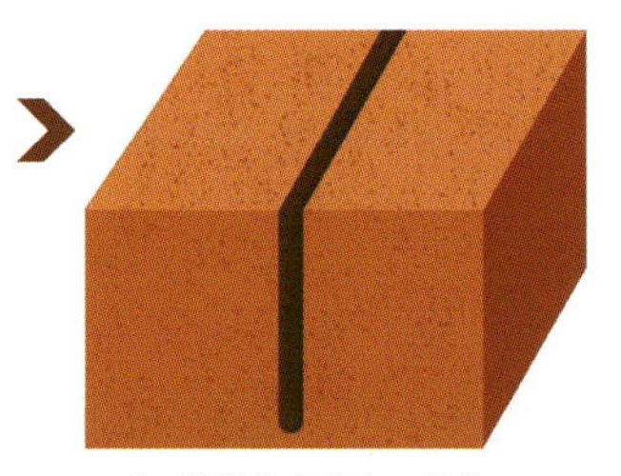

C. 裂隙越变越宽，形成一线天景观

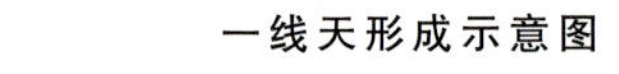

一线天形成示意图

兴国县冰心洞狮子峰一线天

兴国县宝石寨天鹅湖一线天

宁都县鳅篓洞一线天

穿洞

穿洞指岩体上天然形成的前后相通的洞。一般为在石梁或石墙的腰部或狭窄处的两侧，沿同一岩层相向发育的扁平洞穴，日久天长，则可能把石梁或石墙山体蚀穿而成穿洞。

赣州市通天岩穿洞

石城县通天寨鳄鱼石

石城县通天寨龟寿石

龟裂石

龟裂石指表面龟裂纹密布的岩石，常发育在红色细碎屑岩中，呈四边形、五边形或六边形。

石城县通天寨仙人犁田

兴国县通天岩棋盘石

象形石

象形石指外形相似于某种物体的岩体，常用该物体命名。常由坚硬的岩石风化侵蚀而残余或崩塌堆积而成。

兴国县双龟柔情

兴国县通天岩玫瑰石

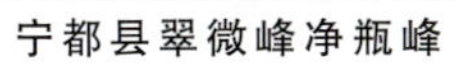
宁都县翠微峰净瓶峰

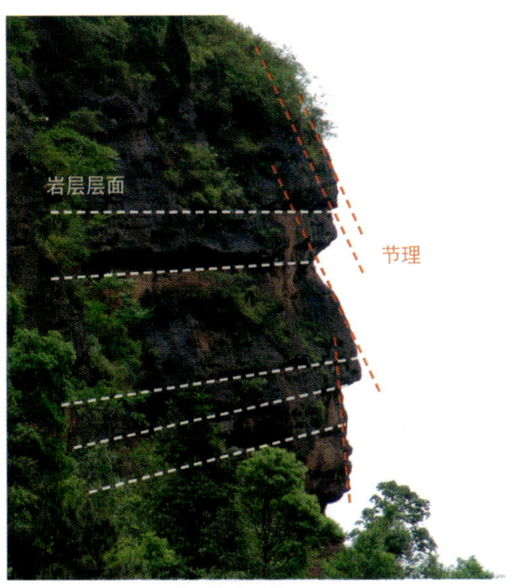

宁都县翠微峰老人石

宁都县翠微峰鹰嘴岩

宁都县崩塌堆积成因金字塔石

神秘的地下宫殿——岩溶洞穴

溶洞是典型的喀斯特地貌（又称岩溶地貌）景观，是具有溶蚀能力的水与可溶性岩石共同作用的结果。具有溶蚀能力的水（水中溶解二氧化碳）沿地下裂隙长期对可溶性岩石（主要为白云岩和灰岩）进行溶蚀，逐步汇集形成地下河道，河道进一步发育扩大，溶蚀、冲蚀、潜蚀和崩塌共同作用，形成溶洞。

瑞金市仙石洞

瑞金市仙石洞钟乳石（石笋）

安远县莲花岩碳酸盐岩溶洞

崇义县聂都大理岩溶洞

龙南县玉石岩溶洞

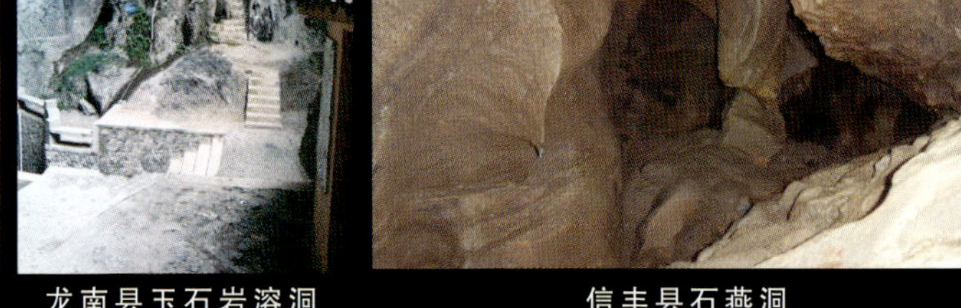

信丰县石燕洞

钟乳石

钟乳石是溶洞内的碳酸钙沉淀物，是一种次生化学沉积物，由富含钙离子的水结晶出的碳酸钙固体黏结而成。钟乳石的种类多样，形态各异，有石钟乳、石笋、石柱、石瀑布、石幔、边石坝、莲花盆等，是溶洞中重要的造景石。

钟乳石景观示意图

地表喀斯特的杰作——石林景观

石林是一种天然形成的树林状岩石地貌景观，往往发育在喀斯特地貌分布区，是具有溶蚀能力的水沿着可溶性岩石裂隙不断进行溶蚀、冲蚀的结果，其早期往往是石芽和溶沟。

崇义县聂都王公寨大理岩石林

凝固的炽热熔岩——花岗岩景观

岩浆岩是由岩浆喷出地表或侵入地壳冷却凝固所形成的岩石，有明显的矿物晶体颗粒或气孔，约占地壳总体积的65%。

花岗岩地貌

花岗岩是岩浆岩中的侵入岩，由岩浆在地下冷凝形成。花岗岩多呈块状结构，坚硬致密，抗蚀力强，常形成陡峭高峻的山地；地表水与地下水沿节理活动，逐步形成密集的沟谷与河谷；在节理交错或出现断裂的地方，往往形成若干小型盆地。

花岗岩形成示意图

上犹县五指峰花岗岩穹状峰

赣县宝莲山花岗岩山地和盆地

崇义县齐云山花岗岩穹状峰

寻乌县项山甑花岗岩石峰

花岗岩象形石

天然形成的具有某种造型的石头或山体，或像人，或如兽。

赣州市莲花山花岗岩巧石

火山岩地貌

火山岩是岩浆岩中的喷出岩，是由岩浆喷出地表冷却凝固所形成的岩石。在岩浆的地表喷出口处往往形成火山，火山由岩浆、火山灰、火山弹冷凝堆积而成。

火山岩形成示意图

火山岩地貌（玄武岩）

线条粗犷的山峰——石英砂岩景观

信丰县香山白色石英砂岩峰丛

峰丛

该类峰丛的岩性以巨厚层或厚层石英砂岩为主，由于砂岩的抗剪强度低，共轭裂隙发育，再加上后期区域构造运动等内动力和流水冲蚀、风化剥蚀及重力崩塌等外动力的共同作用，形成峰丛地貌。

信丰县香山白色石英砂岩石柱

石柱

在巨厚层石英砂岩中，存在着若干层薄层粉砂质软弱层，在地质构造作用下，岩体裂隙发育。因其抗风化侵蚀能力较弱，易于风化剥蚀，逐渐形成单个石峰柱状造型。

高温高压下的蜕变——变质岩峰丛

变质岩，由变质作用所形成的岩石，是由地壳中先形成的岩浆岩或沉积岩，在环境条件改变的影响下，矿物成分、化学成分，以及结构、构造发生变化而形成的。

龙南县九连山变质岩峰丛

灵动的山中精灵
——水体景观

兴国县龙下瀑布

瞬间即是永恒——瀑布

瀑布在地质学上叫跌水，即河水在流经断层、凹陷等地区时从高空跌落的现象。在河流存在的时段内，瀑布具有暂时性的特征，它最终会消失。

赣县宝莲山瀑布

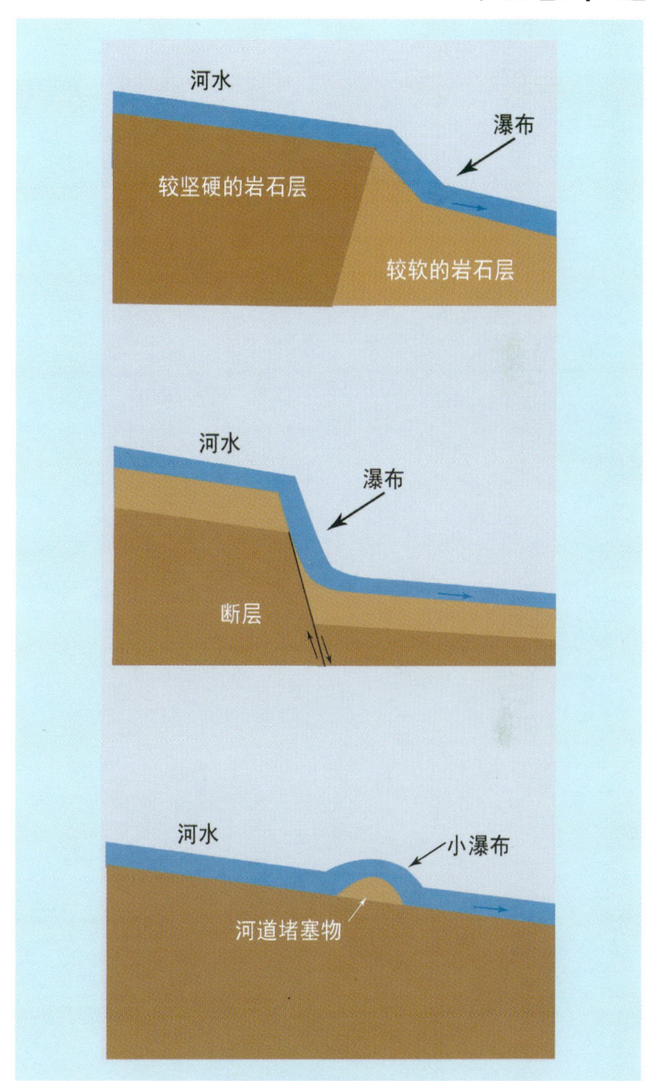

瀑布形成的三种方式

龙南县龙头瀑布

信丰县金盆山凹脑瀑布

安远县福鳌塘瀑布

上犹县西龙佛瀑布

宁都县翠微峰三叠泉

山间的蜿蜒曲流——河流

河流是指由一定区域内地表水和地下水补给，经常或间歇地沿着狭长凹地流动的水流。

龙南县龙头滩漂流河段

会昌县紫云山河流（1）

会昌县紫云山河流（2）

地球热量传送带——温泉

温泉是从地下自然涌出的，泉口温度显著高于当地年平均气温的地下天然泉水，并含有对人体健康有益的微量元素。

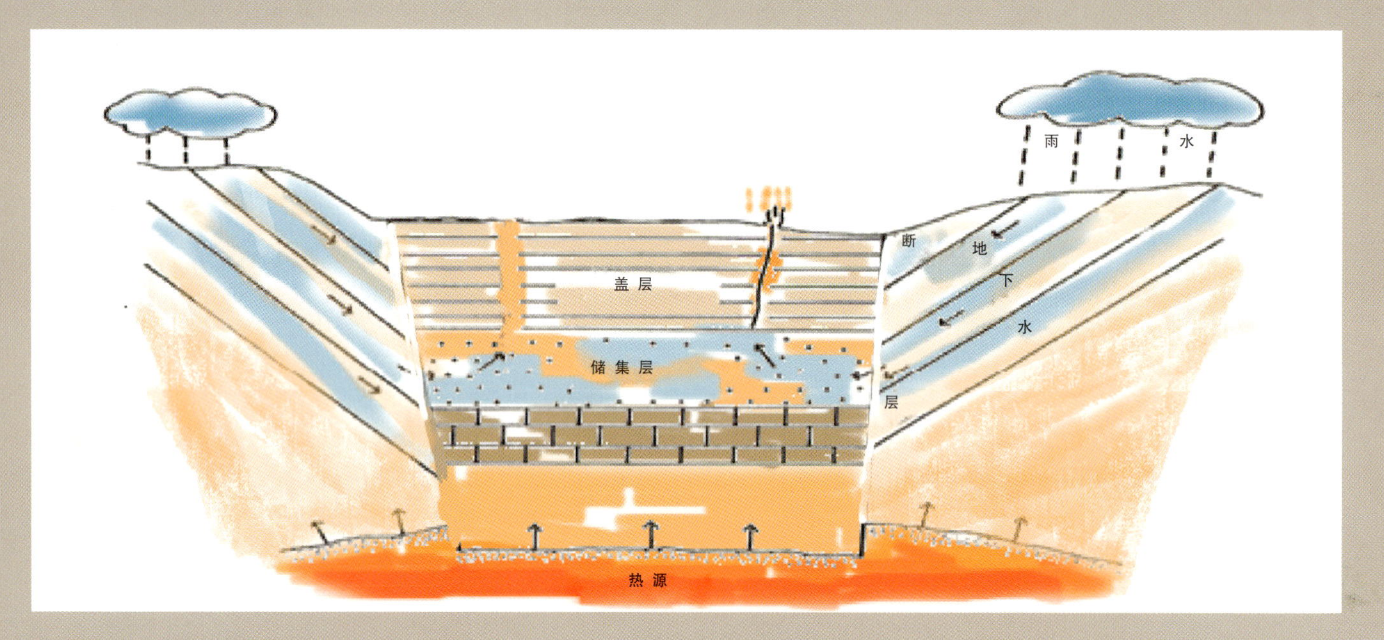

温泉形成示意图

大余县河洞温泉

穿越时空的相遇
——化石、矿产

信丰县虔州龙复原骨架

地球霸主的遗骸——恐龙化石

恐龙化石，是指恐龙死后身体中的软组织因腐烂而消失，骨骼（包括牙齿）等硬体组织沉积在泥沙中，处于隔绝氧气的环境下，经过几千万年甚至上亿年的石化作用，骨骼完全石化而得以保存。此外恐龙生活时的遗迹，如脚印等有时候也可以石化成化石保存下来。

赣南地区发现的恐龙类型多样、属种丰富，截至目前已经发现并报道的类型包括兽脚类、蜥脚类等，尤其是兽脚类恐龙中的窃蛋龙类多达4属4种。同时，赣南地区是我国较早发现和研究恐龙蛋的地区之一，在恐龙蛋分类学研究方面具有非常重要的意义。此外，恐龙与恐龙蛋共生保存、恐龙蛋胚胎数量多也是其主要特色。

恐龙化石形成示意图

A.死亡

B.腐烂

C.埋葬

D.地壳运动

E.露出

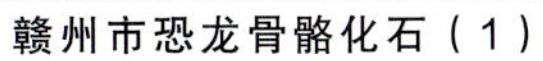
赣州市恐龙骨骼化石（1）

赣州市恐龙骨骼化石（2）

赣州市恐龙蛋和骨骼化石

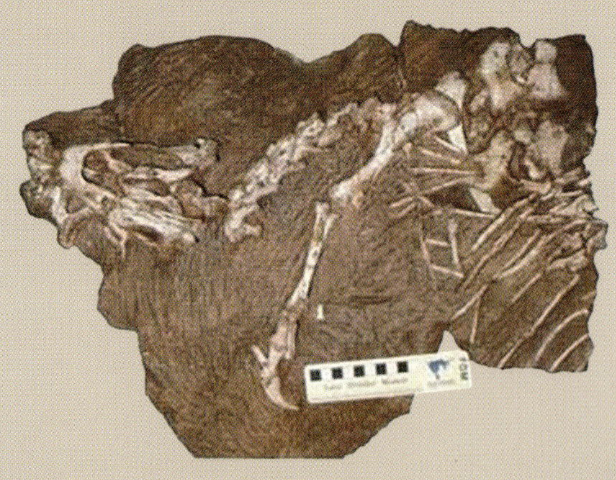

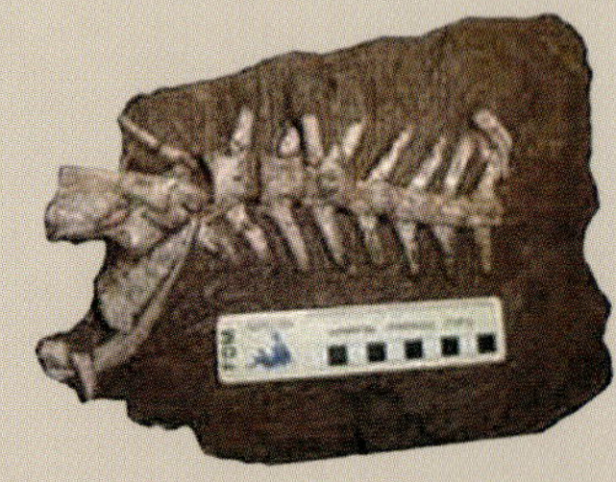

赣州市蒋喜龙骨骼化石

赣州市圆形恐龙蛋化石

赣州市长形恐龙蛋化石

A.恐龙在水边交配

C.水将恐龙蛋淹没
并逐渐被沉积物埋葬

恐龙蛋化石形成示意图

赣州市恐龙蛋化石（1）

赣州市恐龙蛋化石 （2）

瑞金市谢坊恐龙足印

恐龙足迹化石形成示意图

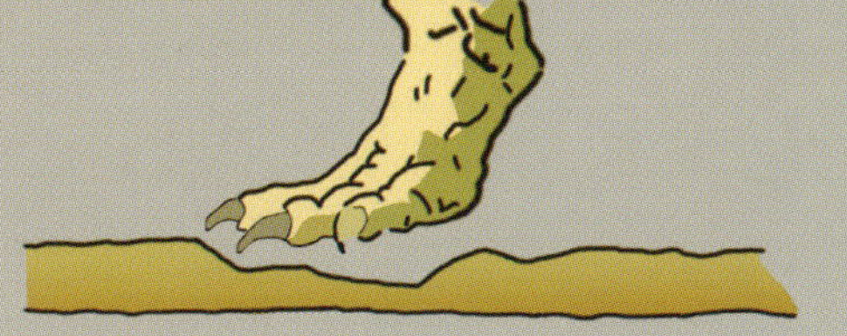

A.恐龙在未固结的沉积物表面留下脚印

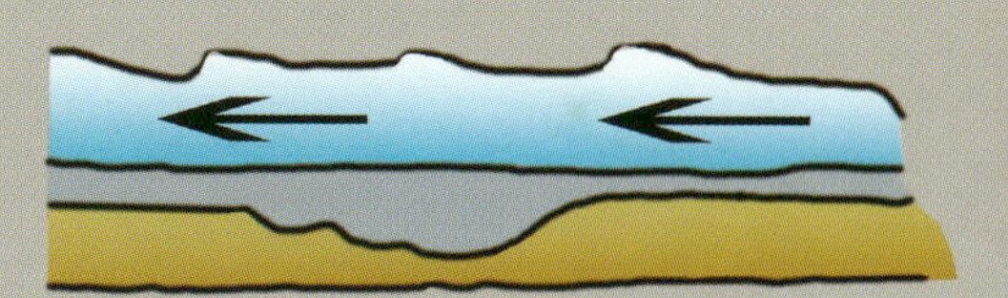

B.水将脚印淹没后，后来的沉积物将脚印覆盖

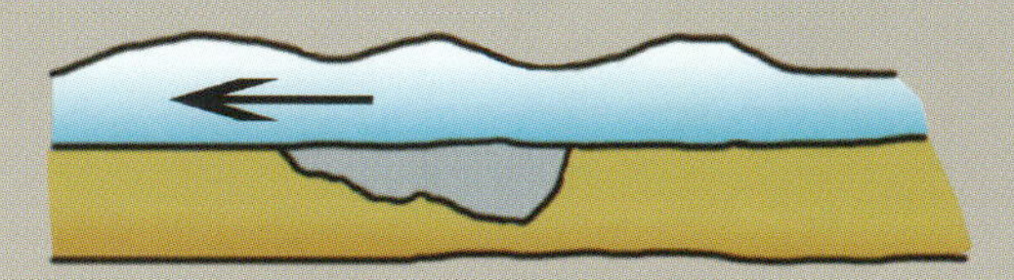

C.沉积物石化，变成岩石

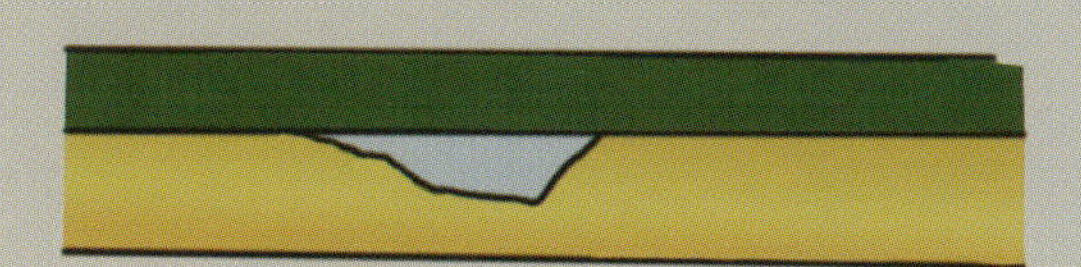

D.地壳抬升，岩石出露地表

E.上层岩石被敲开后，恐龙脚印化石重见天日

远古生命的痕迹——植物化石

植物化石是经过自然界作用，埋藏于地层中的古代植物遗体。它是划分、恢复地史时期古大陆、古气候和植物地理分区的主要标志。

信丰县大桥二叠纪植物化石

信丰县鹅公头泥盆纪硅化木

富饶地球的宝藏——矿产资源

矿产资源是指经过漫长地质年代形成的，埋藏于地下或分布于地表（包括地表水体）可供人类利用的矿物的总称。可分为能源矿物、金属矿物和非金属矿物三大类。

赣南是中国重点有色金属基地之一，有大小矿床80余处，矿点1 060余处，矿化点80余处。

煤矿　稀土矿

钨矿石　锡矿

于都县盘古山钨矿（1）

于都县盘古山钨矿（2）

于都县盘古山钨矿尾矿库

大余县西华山钨矿

全南县大吉山钨矿

全南县大吉山钨矿矿业遗迹

石城县石画砚石

会昌县岩背锡矿

信丰县赣南麦饭石矿

翠微群峰图

地质遗迹索引

全南县

瑞金市

上犹县

石城县

信丰县

兴国县

寻乌县

于都县

兴国县仙桃峰